BEI GRIN MACHT SICH IHR WISSEN BEZAHLT

- Wir veröffentlichen Ihre Hausarbeit, Bachelor- und Masterarbeit

- Ihr eigenes eBook und Buch - weltweit in allen wichtigen Shops

- Verdienen Sie an jedem Verkauf

Jetzt bei www.GRIN.com hochladen und kostenlos publizieren

Jan Hoppe

Lichtwellenleiter - Protokoll zum Versuch

GRIN Verlag

Bibliografische Information der Deutschen Nationalbibliothek:

Die Deutsche Bibliothek verzeichnet diese Publikation in der Deutschen National-
bibliografie; detaillierte bibliografische Daten sind im Internet über http://dnb.d-
nb.de/ abrufbar.

Impressum:

Copyright © 2010 GRIN Verlag GmbH
Druck und Bindung: Books on Demand GmbH, Norderstedt Germany
ISBN: 978-3-640-97419-1

Dieses Buch bei GRIN:

http://www.grin.com/de/e-book/176127/lichtwellenleiter-protokoll-zum-versuch

GRIN - Your knowledge has value

Der GRIN Verlag publiziert seit 1998 wissenschaftliche Arbeiten von Studenten, Hochschullehrern und anderen Akademikern als eBook und gedrucktes Buch. Die Verlagswebsite www.grin.com ist die ideale Plattform zur Veröffentlichung von Hausarbeiten, Abschlussarbeiten, wissenschaftlichen Aufsätzen, Dissertationen und Fachbüchern.

Besuchen Sie uns im Internet:

http://www.grin.com/

http://www.facebook.com/grincom

http://www.twitter.com/grin_com

Lichtwellenleiter

Protokoll zum Versuch

29.11.2010

Jan Hoppe

Fortgeschrittenenpraktikum I

WS 10/11

Universität Bielefeld

29.11.2010

Inhaltsverzeichnis

1. Versuchsziel 3

2. Theoretische Grundlagen 3

   2.1 Aufbau von Lichtwellenleitern 3

   2.2 Reflexion 4

   2.3 Numerische Apertur 5

   2.4 V-Parameter 6

   2.5 Dämpfung 6

   2.6 Fehlerrechnung 7

3. Versuchsteil 1: Messung der Numerischen Apertur 8

   3.1 Versuchsaufbau 8

   3.2 Versuchsergebnisse 8

4. Versuchsteil 2: Messung der Dämpfung 11

   4.1 Versuchsaufbau 11

   4.2 Versuchsergebnisse 11

5. Versuchsteil 3: Messen der Gaußform der ersten Mode 13

   5.1 Versuchsaufbau 13

   5.2 Versuchsergebnisse 13

6. Fazit 17

7. Literaturverzeichnis 17

1. Versuchsziel

In diesem Versuch sollen einige Eigenschaften von Lichtwellenleitern (im Folgenden „LWL") kennengelernt und ihre Handhabung geübt werden. Dabei soll vor allem die numerische Apertur und die Leistungsdämpfung von Multimodefasern und das Modenprofil von Monomodefasern gemessen werden.

2. Theoretische Grundlagen

2.1 Aufbau von Lichtwellenleitern

Im zunehmenden Maße werden LWL zum Transport von Lichtstrahlen in der Nachrichtenübertragung, Materialbearbeitung und Medizin verwendet. Dabei liegt die Dicke der LWL in den Größenordnungen der Wellenlängen. (Vgl. Bergmann und Schaefer, 454).

Die drei wichtigsten Fasertypen sind die multimode Gradientenindex-Faser, die monomode und die multimode Stufenindex-Faser.

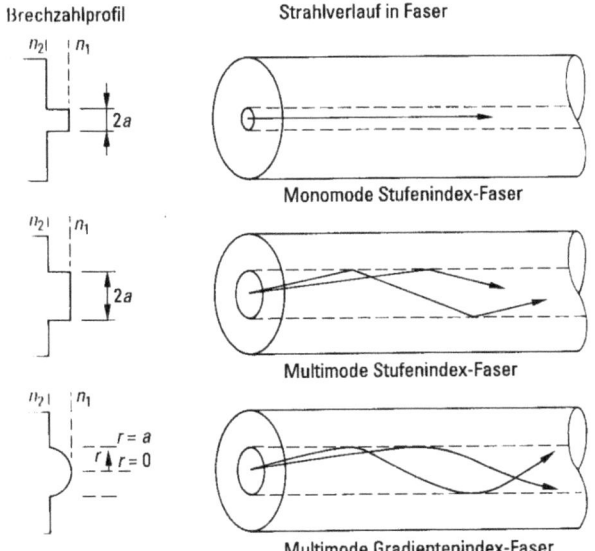

Brechzahlprofil   Strahlverlauf in Faser

Monomode Stufenindex-Faser

Multimode Stufenindex-Faser

Multimode Gradientenindex-Faser

(Bergmann und Schaefer 2004, 461).

3

Wichtige Bestandteile des Aufbaus sind der scharf (bei Stufenfasern) oder ansteigende Umbruch (Gradientenfasern) der Mediendichte *n*. Der innere Bereich, mit der höchsten Dichte, ist der *Core* (Kern). Darum ist das *Cladding* (Mantel), das eine geringere Brechzahl hat. Beides ist aus Glas oder Siliziumdioxid. Als Schutz ist eine Hülle aus Plastik um die Faser.

Charakteristisch für die monomode Stufenfaser ist, dass sie nur die erste Mode des eingeführten Lichtstrahls durchlässt. Daher ist der Kerndurchmesser in der Regel sehr klein.

Multimode Stufenfasern haben einen größeren Durchmesser. Wobei Gradientenfasern den zusätlichen Vorteil haben, dass sie, durch den auf diese Weise ermöglichten wellenförmigen Verlauf der Moden, die Laufzeitverzerrung verringern.

2.2 Reflexion

Die Funktion der LWL beruht auf dem Prinzip der Totalreflexion. Weil Licht an einem Übergang von einem Medium zum anderen (wenn diese eine unterschiedliche Mediendichte haben) gebrochen wird, kann es bei bestimmten Winkeln zur Totalreflexion kommen. Das heißt das Licht wird nicht mehr aus dem Medium heraus geleitet, sondern wieder in es zurück gebrochen.

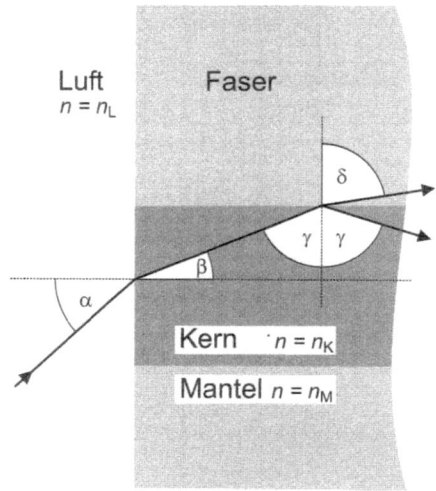

(Mitschke 2005, 18).

4

Um den Einfluss des Eintrittwinkels auf sein Reflexionsverhalten zu berechnen, können wir das Snelliussche Gesetz anwenden:

$$n_L \sin \alpha = n_K \sin \beta$$

$$n_K \sin \gamma = n_M \sin \delta$$

Die Achse der Faser soll Senkrecht auf der Frontfläche stehen. Dann sind $\beta + \gamma = 90°$ oder, wie man das auch ausdrücken kann:

$$\sin \beta = \cos \gamma$$

Und somit auch:

$$\sin \beta = \sqrt{1 - \cos(\gamma)^2}$$

Bei Totalreflexion muss der Sinus des Grenzwinkels $\sin \delta_G = 1$ sein. Damit lässt sich das Senlliussche Gesetz auf folgende Form bringen:

$$\sin \gamma_G = \frac{n_M}{n_K}$$

Will man den Grenz-Eintrittswinkel nur noch von den Mediendichten abhängig machen, so ergibt sich:

$$n_L \sin \alpha_G = n_K \sqrt{1 - \frac{n_M^2}{n_K^2}} = \sqrt{n_K^2 - n_M^2}$$

Wobei $n_L = 1$ (die Mediendichte der Luft) gesetzt werden kann. (Vgl. Mitschke 2005, 18).

2.3 Numerische Apertur

Hiermit haben wir auch einen wichtigen Parameter für die Bewertung von Glasfasern. Der $\sin \alpha_G$ wird auch numerische Apertur genannt. Diese ist ein Maß für den Unterschied zwischen den Mediendichten von Kern und Mantel (vgl. Mitschke 2005, 19). Daraus ergibt sich auch der maximal zulässige Eintrittswinkel des Lichts. Da der Eintrittswinkel gleich dem Austrittswinkel in der Glasfaser sein muss, gilt auch für den Austrittskegel – wie in der Abbildung zu sehen – folgende Beziehung:

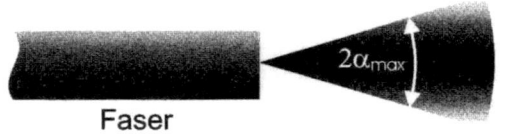

Faser

(Mitschke 2005, 19).

2.4 V-Parameter

Es gibt nur eine bestimmte Anzahl von Moden die durch eine Faser propagieren können. Ein Maß, mit dem die Anzahl der Moden bestimmt werden kann, ist der V-
Parameter:

$$V = k_0 a\, NA$$

oder

$$V = 2\pi \frac{a}{\lambda} \sqrt{n_K^2 - n_M^2}$$

wobei a der Kernradius ist.

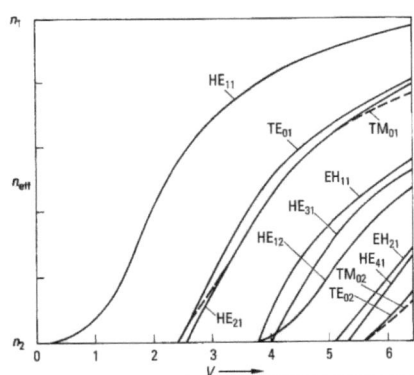

(Bergmann und Schaefer 2004, 468).

Für den Bereich $V < 2,405$ kann folglich nur die Mode HE_{11} ausgebildet. Folglich haben
alle Fasern (bei zugehöriger Lichtwellenlänge) mit V kleiner als 2,405 nur eine Mode.
Alle höheren werden weggelöscht.

2.5 Dämpfung

Für Dämpfung in LWL gibt es viele Gründe. So die Möglichkeit von Produktionsfehlern,
die nie ausgeschlossen kann, wenn auch eher selten und nur schwer messbar. Diese

6

Verunreinigungen können dazu führen, dass Licht im Leiter absorbiert oder so abge-
lenkt wird, das Strahlen aus ihm heraus geleitet werden. Auf folgender Abbildung sind
die wichtigsten Dämpfungsfaktoren aufgetragen:

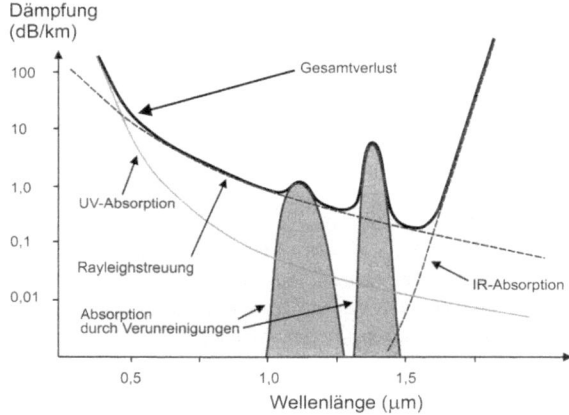

(Mitschke 2005, 76).

Da wir mit einem HeNe-Laser mit der Wellenlänge 633nm arbeiten, haben wir es vor-
nehmlich mit der Rayleighstreuung zu tun. Für eine minimale Dämpfung würde man
eher eine Quelle mit Wellenlängen um 1500nm herum wählen.

Verunreinigungen durch OH-Moleküle sind für die starken Dämpfungsspitzen zwischen
1000 und 1500nm verantwortlich. Da unser Laser weit unter diesen Werten liegt, werden wir diese nicht messen können.

2.6 Fehlerrechnung

Immer wenn mehrere Messgrößen in ein Ergebnis einfließen, wird es nötig den resul-
tierenden Fehler zu berechnen. In diesem Protokoll wird dann immer die Gaußsche
Fehlerfortpflanzung verwendet. Hat man ein Resultat R, das von den Messgrößen x,
y,... herrührt, so erhält man

$$ \overline{} $$

$$ \overline{} \quad\quad \overline{} $$

3. Versuchsteil 1: Messung der Numerischen Apertur

In diesem Versuchsteil soll die Numerische Apertur gemessen werden. Dazu wird ein Laserstrahl in eine Multimode-Faser eingekoppelt und dann die Intensität in Abhängigkeit des Sinus des Einkopplungswinkels gemessen. (Alle Anweisungen und Hinweise für die Durchführung der Versuchsteile 1.-3. sind dem Praktikumsskript entnommen.)

3.1 Versuchsaufbau

Ungefähr zwei Meter einer Multimodefaser mit folgenden Herstellerangaben wurden für den Versuch verwendet:

Kerndurchmesser	50±3µm
Manteldurchmesser	125±2µm
Numerische Apertur	0,200
Dämpfung bei 850 nm	2,7 dB/km
Dämpfung bei 1300 nm	0,8 dB/km

In ein Ende wird Licht mit 633nm Wellenlänge in ein Ende des LWL gekoppelt. Dieses Ende ist drehbar gelagert, so dass die „z-Richtung" der Faser winkelabhängig wurde (in Relation zum Lichtstrahl). Am anderen Ende wird die Intensität des austretenden Lichts gemessen.

Alternativ kann auch Licht (parallel zum Leiter) in den LWL eingekoppelt werden und der austretende Kegel vermessen werden.

3.2 Versuchsergebnisse

Bei der „Kegel-Methode" haben wir den Kegeldurchmesser w in einer Entfernung L von 0,15m gemessen. Dieser betrug dabei 0,055m. Wir haben die Fehler auf 5mm bei w geschätzt, da seine genauen Kanten relativ undeutlich zu sehen waren, und auf 1mm bei L.

Für den entsprechenden Wert der NA verwendet man folgende Beziehung:

$$\tan \alpha = \frac{w}{2L}$$

Daraus folgt:

$$NA = \sin\left(\tan^{-1}\left(\frac{w}{2L}\right)\right)$$

Setzt man diese Werte ein, erhält man ein NA von 0,180. Aufgrund der Fehlerfortpflanzung ergab sich ein Fehler von ±0,017 für die Numerische Apertur. Wir erreichen den angegebenen Wert also nicht, wenn wir ihn auch nur knapp verpassen. Diese Methode liefert uns folglich eine grobe Näherung der Numerischen Apertur.

Danach untersuchten wir die Winkelabhängigkeit der Intensität. Wir haben folgende Messwerte erhalten:

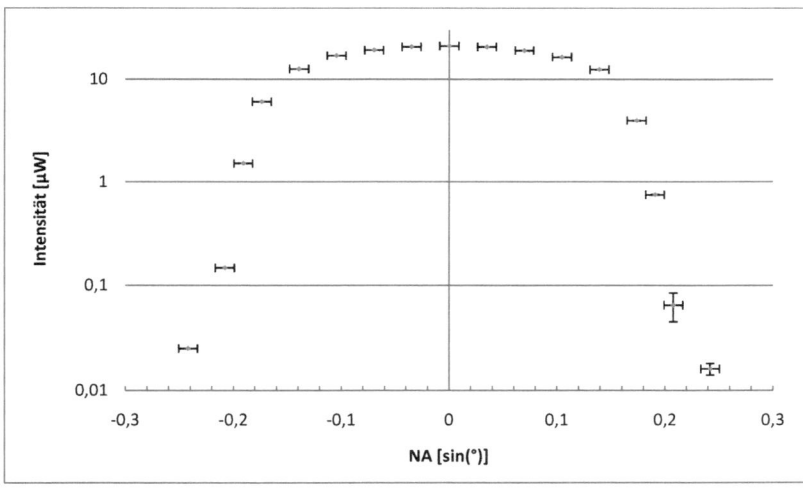

Die maximale Intensität betrug 20,9μW. Der Konvention zufolge misst man die Numerische Apertur an der Stelle, an der die Intensität noch 5% des maximalen Werts erreicht – in unserem Fall also bei 1,045μW. In unserer Messreihe vermuten wir die Winkel an dieser Stelle im negativen Bereich bei 0,195 und für im positiven bei 0,187. Die eingefügten Quadrate geben die entsprechenden Orte an:

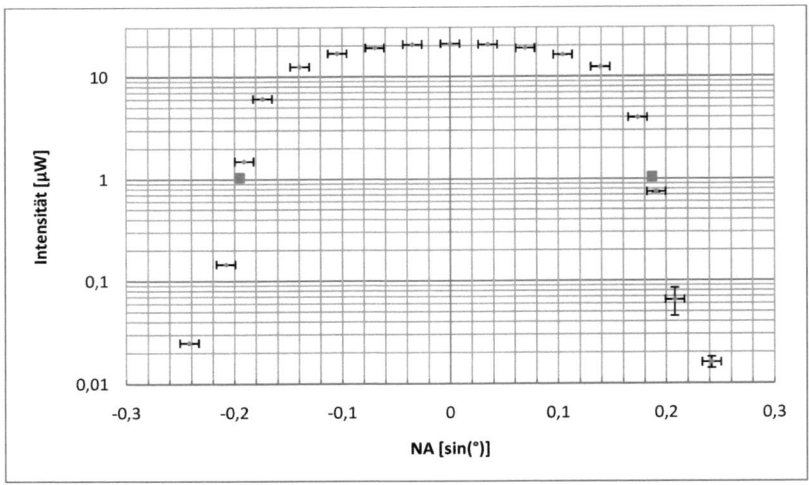

Gemittelt hätten wir daher einen Wert von 0,191 für die Numerische Apertur. Den Fehler für die Winkel haben wir auf 0,7° abgeschätzt (aufgrund der Schwierigkeiten, die Werte genau festzulegen). Für die NA wäre das dann eine mögliche Abweichung von 0,012. Folglich stimmt unsere Messung mit dem angegebenen Wert überein.

4. Versuchsteil 2: Messung der Dämpfung

In diesem Versuchsteil soll der Intensitätsverlust in einer Multimodefaser gemessen werden. Verwendet wird dafür die „Cut-Back"-Methode.

4.1 Versuchsaufbau

Der Versuchsaufbau ähnelt dem des ersten Versuchsaufbaus. Die drehbare Befestigung wird weggelassen. Besonderheit bei diesem Versuch ist, dass zunächst in ein langes Stück Faser Licht eingekoppelt und die Intensität gemessen wird. Danach wird ein Großteil der Faser abgetrennt, wobei man das „Einkopplungs-Ende" unverändert lässt, um bei der Messung Ergebnisverfälschung durch unterschiedliches Einkoppeln zu vermeiden. Auch diesmal wird die Intensität gemessen und schließlich die Dämpfung errechnet.

4.2 Versuchsergebnisse

Die Länge des LWL war zu Beginn 801m. Da schon viele Praktikumsversuche mit dieser Rolle durchgeführt worden sind muss man einen recht hohen Fehler von mindestens 10m annehmen. Bei dem langen Stück erhielten wir eine Intensität von 0,137 ±0,003mW. Nachdem wir bis auf 2,25m alles abschnitten, hatten wir eine Intensität von 1,197±0,007mW. Der Dämpfungskoeffizient Γ wird auf folgende Weise ermittelt:

$$\Gamma\left(\frac{dB}{km}\right) = -\frac{10}{z}\log_{10}\left(\frac{P_{aus}}{P_{ein}}\right)$$

Hierbei ist z die Länge des abgeschnittenen Stück Fasers (in km), P_{ein} die Intensität die nach dem kurzen Stück gemessen wurde und P_{aus} die Intensität nach der ganzen Faser.

Somit erhalten wir eine Dämpfung von 11,7856±0,0002dB/km. Um einen Vergleich zu haben, kann man die angegebenen Werte nach der $1/\lambda^4$-Abhängigkeit extrapolieren. Damit würde man bei Herstellerangaben von 2,7dB/km bei 850nm auf

$$\Gamma_{633} = \frac{(850nm)^4}{(633nm)^4}2,7\frac{dB}{km} = 8,8\frac{dB}{km}$$

kommen. Das ist sehr weit von dem von gemessenem Wert entfernt.

Führt man die gleiche Rechnung für 1300nm und der entsprechenden Dämpfung durch, erhält man

$$\Gamma'_{633} = \frac{(1300nm)^4}{(633nm)^4} 0,8 \frac{dB}{km} = 14,2 \frac{dB}{km}$$

Auch wenn die Extrapolierung keinen genauen Wert liefert liegt unser Messwert zwischen den beiden auf diese Weise ermittelten Werten. Man sollte sich jedoch an den extrapolierten Wert für Γ_{633} halten, da dort 850nm näher an der Wellenlänge unseres Lasers liegt. Dort sind keine so großen Abweichungen (aufgrund der Divergenz der Extrapolation) zu erwarten. In diesem Fall ist der gemessenen Wert aber deutlich zu hoch. Mögliche Ursachen können eine fehlerhaft abgebrochene Stirnfläche der Faser sein oder auch Erschütterungen beim Umbau des Aufbaus, so dass es trotz der Vorsichtsmaßnahmen zu Differenzen aufgrund unterschiedlichen Einkoppelns gekommen ist.

5. Versuchsteil 3: Messen der Gaußform der ersten Mode

Hier soll die Intensitätsverteilung einer Monomode-Faser untersucht werden. Erwartet wird eine Gaußförmige Verteilung.

5.1 Versuchsaufbau

Der Laser wird in ein Ende der Monomode-Faser eingekoppelt. Das ist sehr schwierig, da für eine optimale Übertragung der Strahldurchmesser einen genauen Wert annehmen muss. Da Berechnung und Einstellung sehr mühselig ist, haben wir stattdessen versucht, durch ständige Veränderung der Faser Position ein möglichst gutes Ergebnis zu erhalten. Das Ende der Faser, aus dem das Licht austritt, wurde auf die bereits aus Versuchsteil 1 bekannte Drehscheibe gespannt. In einem Abstand von ca. 20cm wurde der Intensitätsmesser aufgestellt. Diesem wurde mit Hilfe zweier Rasierklingen nur ein schmaler Spalt von ca. 1mm übriggelassen, um die Intensität auf einem möglichst kleinen Raum zu messen. Nun wird die Intensität des austretenden Lichts in Abhängigkeit des Winkels gemessen. Auf diese Weise misst man die Intensitätsverteilung des Kegels, den wir schon in Versuchsteil 1 (für Multimode-Fasern) erwähnt hatten.

Eine Sache bleibt noch zu beachten: Der Versuch macht nur für das Fernfeld der Faser Sinn. Erst dort lässt sich der Kerndurchmesser der Faser für die Verteilung der Intensität vernachlässigen. Das Fernfeld beginnt ab der Entfernung

$$z_f = \frac{(2a)^2}{\lambda}$$

von der Faser-Austrittsfläche. Hierbei ist a der Kernradius und λ die Wellenlänge des Lasers. Bei einem Kernradius von 3µm und einer Wellenlänge von 633nm ergibt sich somit ein z_f von ca. 57µm. Daher liegen wir im Zentimeterbereich auf jeden Fall im Fernfeld.

5.2 Versuchsergebnisse

Zunächst wurden die Intensitäten in Abhängigkeit des Winkels aufgenommen. Die Fehler je Winkel wurden auf ein 0,5° geschätzt. Der Nullpunkt, oder der Ort mit der höchsten Intensität, wurde an die Stelle gesetzt, an der eine möglichst symmetrische Verteilung entstand. Folgende Werte wurden gemessen:

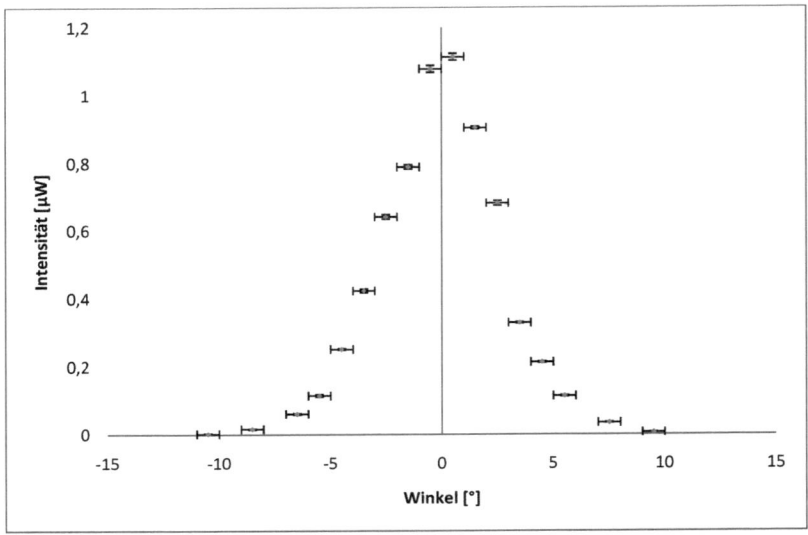

Die höchste gemessene Intensität betrug 1,114±0,01µW. Folglich haben wir, da die maximale Intensität offensichtlich höher ist, diese auf 1,12µW geschätzt.

Um unsere Messwerte mit einer Gaußverteilung vergleichen zu können, brauchen wir die Halbwertsbreite der Verteilung. Diese befindet sich bei

$$\frac{I_{max}}{e^2}$$

der maximalen Intensität. Bei den von uns angenommenen Werten ist das eine Intensität von 1,152µW. Im Graphen entspricht das Winkeln von etwa -5° und +4,8°. Gemittelt erhalten wir damit ein θ_0 von 4,9°. Dieses setzt man in die Gaußkurve ein:

$$I(\theta) = I_{max}e^{-(\theta/\theta_0)^2}$$

Bringt man die Gaußkurve mit in den Graphen ein, so kann man folgende Abweichungen feststellen. (Die Quadrate stehen für die Stellen an denen die Halbwertsbreite festgemacht wurde.)

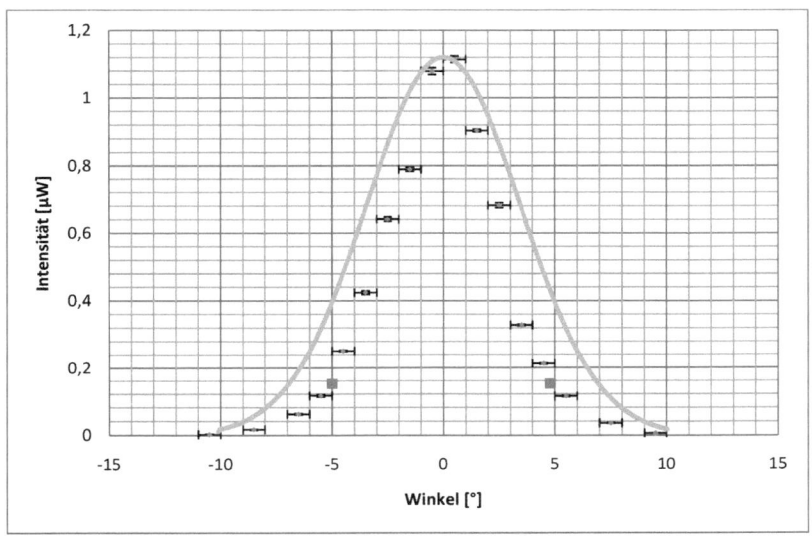

Wie man sehen kann, haben die gemessenen Werte durchaus Ähnlichkeiten mit der Gaußverteilung. Sie liegen jedoch systematisch unter den gemessenen Werten. Wenn man den maximalen – noch mit der Gaußschen Fehlerfortpflanzung zu rechtfertigenden – Fehler von

$$\sqrt{(0,5°)^2 + (0,5°)^2} = 0,71$$

annimmt, erhält man eine Halbwertsweite θ_0 von 4,19°. Auch hier sind noch Abweichungen zu sehen, aber deutlich mehr Messwerte stimmen nun mit der Gaußverteilung überein:

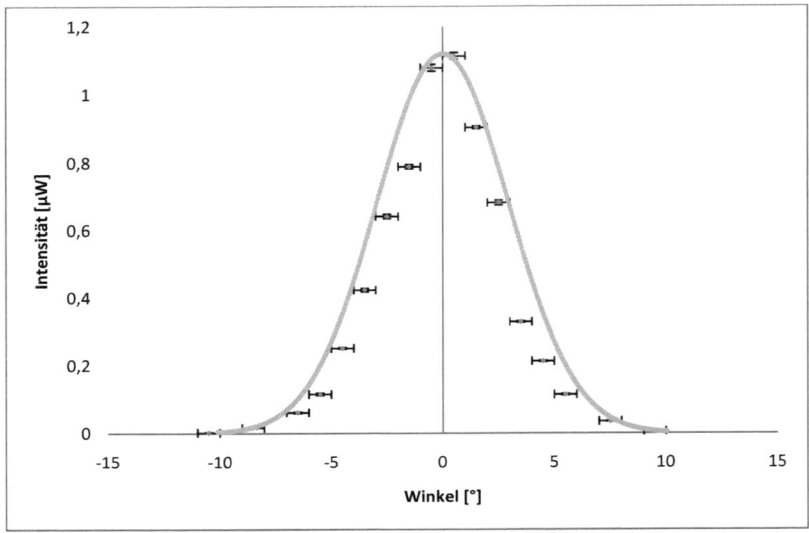

Man kann folglich mit großer Wahrscheinlichkeit sagen, dass die Intensitätsverteilung einer Singlemode-Faser Gauß-verteilt ist.

6. Fazit

Insgesamt kann der Versuch als Erfolg gewertet werden. Die vorgegebene Numerische Apertur (Versuchsteil 1) und die Gaußverteilung der Mode (Versuchsteil 3) konnten eindeutig verifiziert werden. Bei der Dämpfung (Versuchsteil 2) kann man leider den Erfolg, bzw. Misserfolg nicht eindeutig festmachen, da wir mit relativ ungenauen Vorgaben arbeiteten – wenn auch unsere Werte wahrscheinlich zu hoch sind.

Die Handhabung der LWL ist gründlich geübt worden, da die stundenlangen Versuche, besser Intensitätsausbeuten zu erhalten, gezwungener Maßen dazu führen, Methoden zu entwickeln, die Fasern richtig zu behandeln. Leider fehlte es uns an Möglichkeiten die abgetrennten Faserstücke unter einem Mikroskop zu untersuchen. Auf diese Weise hätte man überprüfen können, ob die gemachten Brüche auch wirklich sauber waren.

7. Literaturverzeichnis

Bergmann, L, und C. Schaefer. *Lehrbuch der Experimentalphysik - Band 3: Optik.* Berlin: Walter de Gruyter, 2004.

Mitschke, F. *Glasfasern.* München: Elsevier, 2005.

Praktikumsskript. Bielefeld: Von der Universität Bielefeld zur Verfügung gestellt.